好一幅人亲、水亲的天人合一之景
雨天里两位农妇相伴采莼菜
湖水清澈见底，她们趴在小船前缘，下面挂着竹篮子
边聊天边摘下水中卷曲的嫩叶

太湖莼菜早在宋代即列为贡品
幼叶与嫩叶含有胶状黏液，食之细柔、滑润
古诗说它："叶青如碧莲，梗紫如紫绶。味滑
若奶酥，气清胜兰芳。"
贴切描述出莼菜的色、香、味、形

摄影：汪浩

莼菜序

"叶青如碧莲，梗紫如紫绶，味滑若奶酥，气清胜兰芳。"在江南清澈的浅水湖泽中，有一种水草，叶片呈小小的椭圆形，叶面青绿，叶背紫红，浮在水面上，下面连着细长如丝的水中茎。最为特别的是，在其水中未展开的卷叶和嫩茎上，裹着一层透明的胶质黏液，采下这些嫩茎叶做成羹汤，鲜美柔滑，这就是闻名两千年的江南三大名菜之一——莼菜。莼菜的烹调方式很多，但主要以羹汤为主，最能品出其真味和独特的口感，碧绿鲜翠、滑嫩清爽。芙蓉鲜莼羹、银鱼莼菜羹等都是苏帮名菜。

莼菜是珍贵的水生蔬菜，富含酸性多糖、蛋白质、氨基酸、维生素、组胺和微量元素等。值得一提的是莼菜最特别的透明黏液，其中的多糖成分，可以保护胃黏膜，有助于肠胃保健，还有降血糖、降血脂、降血压等功效，以及增加体液免疫和细胞免疫的功能，可防癌抗肿瘤。

莼菜对生长环境的要求很高，其性喜温和，又"宜净洁，不耐污"，一旦水质受污，则难以生存，所以它的分布范围很小，唯有在江南极清澈的浅水湖泽中才能生长，不能施化肥、农药，是一种绿色蔬菜。苏州太湖、杭州西湖、萧山湘湖都是长期以来形成的著名莼菜产地。

莼菜的采收期很长，自农历三月至十月，除去盛夏，春秋两季均可采收，其中以春莼尤为柔嫩，还有"雉莼""丝莼"的美名。在江南，采莼也是很美的景致。太湖莼菜，自古有名，自然也就成为苏州水八仙中不可或缺的一种了。

不仅很早就被视为席上珍馐，莼菜也是一道文化名菜。其魅力全因一千七百年前西晋张翰的"莼鲈之思"而闻名天下。在洛阳为官的张翰，因为怀念吴中的莼羹鲈鱼，竟然辞官回乡，于是后世"莼鲈"也就成了关于思乡之情的代名词。与张翰同时代的陆机在洛阳被招待以羊酪，被问及江东有何物可相媲美时，陆机答曰："千里莼羹，未下盐豉。"认为家乡莼羹的味美不输羊酪。这两个经典故事，为江南的莼菜获得了极大的声誉，千百年来被历代文人墨客、帝王将相歌咏不绝，也使莼菜被附加上了许多文化深意。∎

采访手记

●春来莼菜初栽植

莼菜对水质的要求特别高，一点污染都不能有，所以对种植地的选择也很挑剔。我们之前采访过的一些水八仙种植地，其烂田水塘虽然适合种植莲藕、慈姑等，但莼菜却难以栽植成功。在苏州，莼菜只分布在东太湖的浅水区以及东山附近湖泊、河道、田塘中，东郊的车坊、角直基本没有种植。2011年4月下旬，汉声编辑刘镇豪、陈诗宇，随苏州朋友周晨来到太湖东山边的一个莼菜种植基地，采访莼菜种植情况。

此时刚过谷雨，正值春暖花开的时候，太湖边桃红柳绿，生机勃勃。我们跟随东山东湖莼菜厂的叶厂长，到了这片莼菜塘。据叶厂长介绍，这里将近300户人家，种植的莼菜面积有1700亩。

莼菜塘的水位很浅，大约不到一尺的样子，但是水质的确极其清澈，微微的涟漪下可以清楚地看到水底排着一行行刚刚种下不久的莼菜苗。一根根黄白色的茎半露在水底，茎节上萌发出一丛丛纤细的叶茎，其上椭圆形的小叶浮出水面，星星点点颇为可爱。

通过叶厂长的介绍，我们还了解到，和大部分水生蔬菜一样，莼菜也不是通过种子种植，而是用越冬的茎节或休眠芽扦插繁殖的，清明后挑选质量好的种茎，在浅水塘中根据定好的行距栽入水底，不出半个月便能萌芽长叶。现在正当莼菜初栽不久的时候，为了保证有充足的阳光，所以水位比较浅。

岸边有几艘小船，我们随一位农户上舟行驶到水塘中央观察。农户一边撑竿慢慢划船，一边左右张望，忽然拿起一根带着网兜的竿子，将一丛绿色絮状的水藻捞起。"这是青泥苔，莼菜最怕这个了。"原来莼菜对环境的要求极高，不仅需要有微微流动的清澈活水，而且水中还不能有浮游水藻，尤其是"青泥苔"，会附着在莼菜茎叶上，堵住气孔，影响生长。所以农户要不时检查清理，并且同时拔除杂草，是田间管理最重要的部分。看起来莼菜也是一种颇娇气的植物。

●采莼香丝萦手滑

莼菜易生长，一经栽种，可以多年连续采收。种下两个多月后，便可以进入第一个采收期。5月底，再次来到东山，这时莼菜叶片直径已经长到五六厘米，摊开漂浮在水面上，密密麻麻重叠，表面绿色油光发亮，

（下转第32页）

莼菜

莼菜是睡莲科莼属多年生宿根水生草本植物，又名蒪菜、水葵、小荷叶、马蹄草等。主要分布在我国的江苏、浙江、江西、湖南及西南各地，杭州西湖、江苏太湖是主要产区，其莼菜品质也最佳。

部位为在水中的嫩梢和初生卷叶，用来做汤，其味鲜美，质地柔滑，风味独特。莼菜适应性强，繁殖快，成本低，栽培较容易，池塘和水田均可栽培。

档案

分类：被子植物门、双子叶植物纲、毛茛目、睡莲科、莼属
学名：Brasenia schreberi
别名：蒪菜、马蹄草、水葵、莼头
原产地：中国
分布：东亚、南亚、非洲、大洋洲、北美洲
中国主产地：江苏、浙江；以及长江以南各省
食用部位：水中的嫩梢和初生卷叶
生长期：4月至11月上旬
采收期：5月至6月、9月至10月

全株图解

花

花梗从叶腋中抽出，长8～15厘米，有柔毛。花冠很小，直径0.5厘米，颜色因品种而异，有紫红色、暗红色、白色，抽出水面才开放。花被共6张，花瓣因品种不同而异，花瓣紫红色者，萼片有粉红色和淡绿色两种，花瓣淡红色者，萼片基部淡绿色，花瓣和花瓣外形相似，为披针形，长约1厘米，宽0.3厘米。雄蕊12～30个，雌蕊4～20个。

【莼菜花】

果 种

一般每朵花发育成2～10个果实群，伴有宿萼、革质果鞘。果实卵形绿色，不开裂，呈喙状，长约1.1厘米。基部狭窄，顶部有宿存花柱，长0.5厘米，内有种子一两粒，卵圆形，淡黄色，横径0.3厘米。

根

莼菜的根为须状，初生为白色，逐渐转为黑褐色，细如毛发，长20厘米左右。簇生，在水中柄基部茎节的两侧各生一束，水中柄茎抽生时也在基部两侧各生一束须根，老熟水中茎基部各节也有须根。

叶

莼菜叶片互生，初生叶卷曲，柄短。成叶外有胶质叶柄包裹，是主要的食用部分。成叶有细长叶柄，一般长25～40厘米，粗0.2厘米左右。因生长部位、见光程度、成熟度不同，叶柄的颜色也不同，呈绿色、黄色或红色。叶片浮于水面，呈椭圆形盾状，一般纵径5～12厘米，横径3～5厘米，全缘，叶表绿色，叶背紫红色，或外缘向内颜色由深渐变浅。叶脉从中心向外放射状十数条，幼嫩叶片的叶柄、叶背均包裹有琼脂状的透明胶质，老叶则因纤毛脱落而失去胶质。

【成叶】

茎

茎分地下根状匍匐茎、短缩茎两种。

匍匐茎：地下根状匍匐茎细长，黄白色，长度可达1米以上，节间长10～15厘米，茎粗0.5厘米左右。茎节处不能正常抽生水中茎，则形成15～20厘米长，茎短且芽不展开的休眠芽。当环境恶劣时，随风浪卷曲随芽，遇到适宜环境时再次发根成活，成熟又适宜生长时正常生长。

水中茎：叶腋间长出短缩茎，短缩茎与水中茎均为绿色。根丛生在水中茎，密生褐色绒毛，粗度和长度随水深度而变化，一般为60～100厘米，节间长3～10厘米，粗0.2～0.4厘米，节部凸出，内具气管通道。自节上分枝，节上并生有不定根，每节生1叶，水中茎内侧基部腋芽可萌生成二级、三级分枝丛生。

各茎顶端嫩梢和卷叶均有纤毛分泌的透明胶质包裹，称莼胶。在水质较好处水中茎下部也有莼胶。

【初生卷叶】

莼菜花
成叶
水中茎
短缩茎
匍匐茎
须根

大太阳下老农头戴草帽蹲坐小船
一手伸入水中掐断细茎，取出莼菜嫩叶放入塑料桶内
眼疾手快采摘时还不忘一手划动湖水，缓缓转移位置
绿叶、黄叶、枯叶尽在宽广湖面，小小莼菜白花点缀其间

莼菜在南北朝时即开始人工栽植
《齐民要术》里说：莼性易生，一种永得。宜净洁，不耐污
说明它一经种植后可多年收获的特性
生长过程中田水深浅都有不同，对水质要求特别高

莼菜的栽种

境 生长环境

莼菜对环境条件的要求较高。

水质需要清澈见底，安静无风浪，微有流动，浮游生物少。水位稳定，灌排方便，可在 10～100 厘米内控制。

要求土质肥沃，富含有机质，淤泥层 20 厘米左右，不超过 35 厘米。湖泊、池塘、河道、港汊以及低洼田塘均可。

莼菜最适宜的生长温度为 20～30 摄氏度，低于 15 摄氏度和高于 30 摄氏度时生长停滞。

莼菜喜阳光，不可和莲藕、芦苇等立生水生植物混栽。

栽 栽培方式

●清塘

塘、荡址选好之后，要清除一切杂草杂物，捕清食草鱼类，整平塘底。莼菜是需肥不多的植物，若土壤本身有机质充足，肥力好，就可以不用施基肥。若肥力不足，可整好地后施入少量基肥，隔数日后再进行种植，以保证水质清澈。

●选种茎

莼菜虽有种子，但难以采收，并且萌发率低，所以一般采用越冬的地下匍匐茎、水中茎及其休眠芽进行无性繁殖，选择生长健壮无病虫害者。若是地下匍匐茎，则选粗壮、皮色较白的茎段，每段三四节，并带有部分水中茎；用水中茎者，则选取粗壮色绿带须根的茎段。

●栽种

莼菜没有严格的栽种期，除盛夏和寒冬，春秋两季均可栽种，以春季较好。春分至谷雨，将选好的种茎，随挖随栽，如果用匍匐茎和水中茎做种茎，多用条栽法，按行距 60～100 厘米左右平栽，种时捏住种茎两端，揿入水下泥中，以不浮起为准；用休眠芽、营养枝做种茎，一般用穴栽法，行距 1 米左右。当天种不完的须暂存水中，以免影响发芽。

水质清澈的莼菜塘

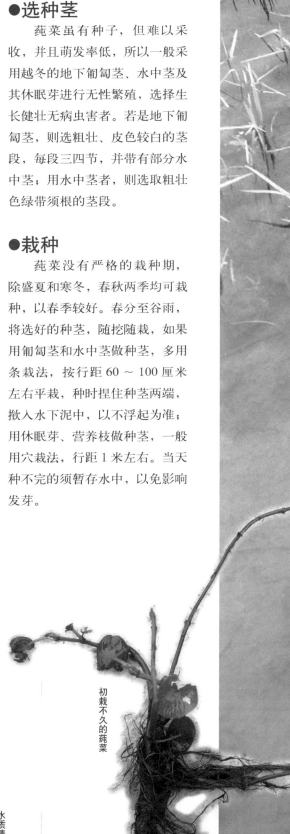

初栽不久的莼菜

株 生长过程

萌芽期
3月下旬～4月中旬

春分至清明后，当旬气温超过10摄氏度时，莼菜在泥中过冬的地下匍匐茎各茎节的顶芽侧芽相继萌发，节间拔长并抽生小叶，长出须根，扎入土中吸收养分。随着气温升高，在叶腋间长出短缩芽和丛生水中茎，抽生叶片并逐渐浮出水面。

春季生长期
4月下旬～7月上旬

谷雨之后，气温上升至16～28摄氏度，莼菜进入旺盛生长期，不断长出短缩茎和丛生水中茎，同时水中茎茎节上也抽生分枝，地下也生成根状匍匐茎。此时新梢粗壮，并附着较多的胶质，是产量最高品质最好的阶段。

开花结果期
5月中旬～8月上旬

小满前后，莼菜在旺盛生长的同时，随着新梢萌发，叶腋抽生花梗，上部花芽发育成深红色花蕾，花蕾上有绒毛并披裹胶质。5月下旬进入盛花期，6月中旬后花逐渐减少，8月上旬立秋之后开花停止，所结果实自行脱落掉入泥中。

缓慢生长期
7月中旬～8月上旬

小暑、大暑前后，进入高温盛夏期，气温可达30摄氏度，此时植株生长基本停止，开花少，抽生新叶新枝也极少。因为水温高、病虫害多，叶片也容易腐烂。

秋季生长期
8月中旬～11月上旬

立秋之后，气温降至20摄氏度，恢复至莼菜生长的适宜温度，莼菜进入第二个高峰生长期，产量有明显回升。立冬以后气温降至15摄氏度时，生长再次开始减缓，胶质减少，植株以累积养分为主。

越冬休眠期
11月中旬～翌年3月中旬

立冬之后，气温从15摄氏度降至3摄氏度左右，植株生长全面停止，养分集中到根状匍匐茎和水中茎顶端贮存，老叶脱落，节间不再拔长，形成粗壮短缩的茎和顶芽，即越冬休眠芽。

莼菜生长过程

系 品种

莼菜为睡莲科莼属植物，其下只有一种。但按花和食用部分的色泽，可分为红叶种和绿叶种等栽培品种。红叶品种中又可分为红叶红萼和红叶绿萼两种，红萼品种花萼为红色；绿萼品种花萼为绿色。绿叶品种叶背仅叶缘为暗红色，越向中心红色越淡，中心为绿色。

红叶红萼
叶正面绿色，叶背面深红色，幼嫩卷叶淡紫红色，花萼粉红色，花瓣红色。生长速度快，杀青性好，适宜加工。原产苏州洞庭乡太湖沿岸，生产上通过提纯复壮，大力推广。

红叶绿萼
叶正面绿色，叶背面深红色，幼嫩卷叶淡紫红色，花萼绿色，花瓣红色。原产杭州西湖，一直在国内外市场上享有较高的声誉。长势强，产量高，品质佳，适宜加工罐藏，在江苏省的栽培面积也比较大。

绿叶红边
叶正面绿色，叶背面边缘紫红色，越向中心红色越淡，中央为淡绿色，卷叶绿色。花萼主体绿色，萼尖淡红色，花瓣红色。在杭州富阳、苏州太湖、苏州横塘有种植，长势较弱。

收 采收

**菜
的
采
收**

●采收时间

莼菜是多年生作物，一经栽种，可多年采收。莼菜采收水中的嫩叶和嫩梢，采收一次，莼菜会继续分枝，长出新嫩梢，可不断采摘。

莼菜的采收可分春秋两季。春采收期为 4 月下旬至 7 月上旬，称为"春莼"，品质柔嫩，以谷雨至芒种间采收最佳；秋采收期为 8 月中旬至 10 月上旬，称为"秋莼"，秋莼茎叶较粗硬，并且随着天气转凉，品质逐渐下降，直至霜降后无法采收。

全年采收期可长达五六个月。但当年春天新栽种的莼菜，需要等大约两三个月，叶片基本长满水面时，才可以开始采收。

探寻嫩梢和嫩叶

探

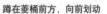

蹲在菱桶前方，向前划动

划

●采收方式

采收者可以乘坐小舟或者菱桶，匍匐其中，面朝水面，身后可放块石板以平衡船身。胸前放置小桶，或在前端悬挂竹篮，用手将尚未展开的嫩梢和嫩叶掐下，投入其中。这样采收速度快，品质好。为了防雨或者防晒，也有在小舟上搭棚的。若直接下田采收，则容易搅起泥浆，影响采收速度和品质，也难以采收干净。

轻轻摘下嫩梢和嫩叶

摘

乘坐菱桶顺行间采摘莼菜

管 田间管理

●水分调节

莼菜塘全年不能断水，需要保持活水或者隔两天换清水一次。栽种初期水位要控制在10～30厘米，使植株获取足够的光照，并提高水温，促进发芽发棵。随着植株生长，水深可增至50厘米左右。

6月～8月，气温上升，生长逐渐减缓，此时须深水管理，但不宜超过1米。

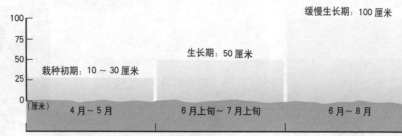

不同时期莼菜田水位高度

缓慢生长期：100厘米

生长期：50厘米

栽种初期：10～30厘米

| 100 |
| 75 |
| 50 |
| 25 |
| 0 |
| (厘米) 4月～5月 · 6月上旬～7月上旬 · 6月～8月 |

●水质管理

莼菜对水质要求极高，不耐污染，所以要求极清澈透明的水质，预防污染。青泥苔、蓝藻等繁生浮游藻类，是莼菜的大敌，会与莼菜争光争肥，并黏附于莼菜茎叶上，堵塞气孔，抑制生长，影响水质，所以发现此类浮游藻类时，须马上用工具捞除，并注意换水，保持水质。

●除草

在定植初期，因为水层较浅，光照充裕，杂草容易旺盛生长，所以栽种一两周后，要及时拔除杂草一次。在莼菜萌发前拔除杂草，便于操作，并有利于莼菜生长。

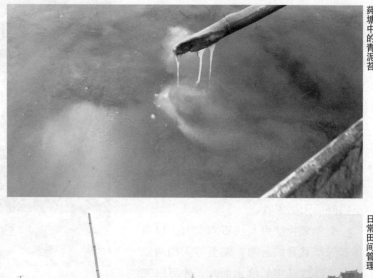

莼塘中的青泥苔

日常田间管理

莼菜田间管理

莼菜的营养与功效

文：黄文宜（中医师）

【饮食养生】

◎营养成分：莼菜是珍贵的水生蔬菜，含有酸性多糖、维生素、组胺和微量元素等，并富含植物蛋白和多种氨基酸。此外还含有蔬菜中少见的维生素 B_{12}，可用于防治恶性贫血、巨幼细胞性贫血、肝炎及肝硬化等病症。

◎高锌佳品：莼菜吸收利用环境中锌的能力远远超过其他植物，是天然的高锌食物，与机体发育、骨骼生长、免疫机能、性发育及其功能等关系密切，因而是小孩最佳的益智健体食品之一，并可防治小儿多动症。

◎神奇莼胶：莼菜嫩叶富含的胶质黏液，其主要成分是莼菜多糖，不仅带来柔滑可口的滋味，更具有强大的营养功效，是莼菜营养的精华所在。

◎多糖防癌：实验证实莼菜多糖具有增加体液免疫和细胞免疫的功能，可防癌抗肿瘤。多年研究莼菜的日本已经把天然莼胶提取制成防治癌症的药物。

◎多糖养胃：中医早已注意到莼菜的养胃功能，如《唐本草》记载："久食大宜人，合鲋鱼（即今鲫鱼）为羹，食之主胃气弱，不下食者至效，又宜老人。"而现代研究证实莼菜多糖的黏性可以保护胃黏膜，而且莼菜多糖分解后有助于肠道卫士双歧杆菌大量繁殖，是胃病患者的养胃佳蔬。

◎多糖降三高：《名医别录》中记载莼菜可降血糖："主消渴。"而现代试验亦证实了

莼菜多糖具有降血糖的功效，糖尿病患者不妨常食；莼菜多糖的纤维特性具有降血糖、降血脂等多种生理活性；莼菜清热利水有利于高血压防治。

◎多糖瘦身：莼菜多糖具有的纤维特性，可以改善消化功能并解除便秘，是天然的减肥良品。

【饮食治疗】

◎性味归经：性寒味甘，入肝、脾、足太阴、阳明经。

◎功能主治：消渴热痹，清热祛痰解毒，治热疸，厚肠胃，安下焦，逐水，解百药毒并蛊气。

◎食疗验方：【一切痈疽】：马蹄草即莼菜，春夏用茎，冬月用子，就于根侧寻取，捣烂傅之。未成即消，已成即毒散。用叶亦可。【头上恶疮】：以黄泥包豆豉煨熟，取出为末，以莼菜油调傅之。
【数种疔疮】：马蹄草（又名缺盆草）、大青叶、臭紫草各等份，擂烂，以酒一碗浸之，去滓温服，三服立愈。

【饮食节制】

◎《本草汇言》：莼菜，凉胃疗疸，散热痹之药也。此草性冷而滑，和姜醋做羹食，大清胃火，消酒积，止暑热成痢。但不宜多食久食，恐发冷气，困脾胃，亦能损人。

◎《本经逢原》：莼性味滑，常食发气，令关节急，患痔漏、脚气、积聚，皆不可食，为其寒滑

伤津也。

【饮食宜忌】

◎一般人皆可食用。因其滑软细嫩，特别适合老人、儿童及消化力弱的人食用；但莼菜性寒而滑，多食易伤脾胃，发冷气，损毛皮，故脾胃虚寒的人不宜多食；妇女月经期及孕妇产后应少食。

◎莼菜含有组胺等可导致过敏的物质，某些特殊体质的人群食用后容易引起过敏反应。

◎由于莼菜含有较多的单宁物质，与铁器相遇会变黑，故忌用铁锅烹制。　■

注：
①文中所涉营养成分含量，均依据《中国食物成分表（第一册）》，北京大学医学出版社，2009年第2版。
②文中所涉中医内容，主要参考《本草纲目》等古籍。

处理贮藏

新鲜莼菜采收之后应马上浸入水中保存，时间在一两天之内，贮藏过久容易胶质脱落、叶片腐烂。所以需要当日采收，当日加工罐藏包装，或速冻。

苏州当地采收莼菜时，一般根据嫩梢卷叶的长度分为三个等级，以卷叶长度在 2.5 厘米以内，充满黏液者为最佳的一等品。另外也采收叶片超过 5 厘米，已经微展开，黏液胶质不足的等外品。

加工时，将当天采收的莼菜清洗去杂，剔除展开叶、烂叶、杂草之后，用钢刀切除过长叶柄，根据不同长度整理分级，一级品 1～2.5 厘米，二级品 2.5～4.5 厘米，三级品 4.5～5 厘米。

漂洗之后可新鲜贩卖，或者进一步加工成速冻或罐装。后者须将漂洗好的莼菜在水中煮 1 分钟左右杀青，再在冷水中漂洗冷却浸泡后装袋装罐。

放

捧起一把漂洗后的莼菜

莼菜的采收

凉拌莼菜

苏州礼耕堂大厨 叶华制作

主料：

莼菜 150 克
红椒 20 克

调料：

酱油 2 大匙
醋 3 大匙
白糖 2 大匙

准备：

1 莼菜淘洗干净。
红椒洗净切细
丝。

2 酱油 2 大匙，
醋 3 大匙，白
糖 2 大匙混合
搅匀成调味汁。

制作：

1 锅中加水大火烧开，放入莼菜，10 秒
后捞出，迅速过一遍冷水。

2 将调味汁倒入盆中，加入莼菜，翻拌
均匀。放上红椒丝，即可。

莼菜凉拌，滑嫩爽口，口味酸甜
若使味道出类拔萃，需选用上好的酱油和醋

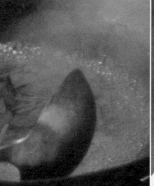
大火快速焯莼菜

调味汁倒入盆中

加入莼菜

放上红椒丝

莼菜鲈脍羹

苏州礼耕堂大厨 叶华制作

主料：

莼菜 100 克
鲈鱼肉 50 克
鸡丝 10 克
笋丝 20 克
火腿丝 15 克
肉丸 140 克

调料：

葱丝少许
姜丝少许
盐 1 小匙
味精 3 小匙
鸡精 1/2 小匙
淀粉 1 小匙
麻油 1 小匙

准备：

1 鲈鱼肉去皮去骨，切丝，加葱丝、姜丝、
盐少许，蒸熟备用。

2 莼菜漂洗干净。

3 淀粉加少量冷水调成水淀粉备用。

银鱼莼菜羹

主料：

莼菜 20 克
太湖银鱼 15 克
笋 10 克
水发香菇 10 克
蛋清 30 克
火腿 10 克
高汤 3 杯

调料：

盐 1 小匙
味精 1/2 小匙
淀粉 1 小匙

准备：

1 去掉水发香菇的菌柄，大火蒸半小时，
　取出切成丝。

2 将笋洗净切成丝。火腿切成末。

3 淀粉加少量冷水调成水淀粉备用。

制作：

1 分别将香菇丝、笋丝、太湖银鱼放入
　沸水中烫 1 分钟，取出备用。

2 锅中放高汤大火煮开，加盐 1 小匙，
　味精 1/2 小匙调味。加入水淀粉，搅
　匀勾芡。

3 将高汤离火，放入香菇丝、笋丝、太
　湖银鱼。趁热打入蛋清，搅散，倒入
　汤盆中。

4 将莼菜在沸水中迅速过一下，即连水
　带莼菜倒入大漏勺中，滤去沸水，留
　下莼菜倒入高汤中。

　要诀：莼菜极嫩，过沸水只为去除涩味，切不
　　　　可焯水太久。用大漏勺滤是为尽可能
　　　　缩短莼菜在沸水中的时间。

5 撒上火腿末，即可。

银鱼和莼菜都是太湖天赐的物产
长在太湖边的人
随便来几条小鱼，几片莼菜
就有了一碗清清爽爽的鲜汤
此处做法经饭店大厨精心改良
于家常之外更增鲜美味道

制作：

1 锅中加水大火烧开，下入肉丸，煮熟捞起沥干。

2 另起锅放适量水，大火烧开，放盐 2 小匙，味精 3 小匙，鸡精 1/2 小匙，倒入水淀粉勾芡。

3 锅离火，放入丸子、笋丝、火腿丝、鲈鱼丝、鸡丝。加入麻油 1 小匙。

4 另起锅加水大火烧开，放入莼菜，10 秒后捞出，沥去水分，放入汤中，即可。

晋代张翰的典故『莼鲈之思』
因思念莼菜鲈鱼的美味，竟不惜辞官归故里
这道江南传统名菜，不知勾起过多少游子的乡愁

25

鲜莼塘片

苏州礼耕堂大厨 叶华制作

塘鳢肉质洁白细嫩，味道鲜美，营养丰富，有滋补益筋骨之效，尤以清明节前后菜花黄时最为肥嫩，这时莼菜也初上市，来一道鲜莼塘片，真是应季的美味

主料：

塘鳢鱼 1 条
（约 200 克）
蛋清 40 克
莼菜 100 克
红椒 50 克

调料：

盐 3 小匙
味精 2 小匙
鸡精 1/2 小匙
淀粉 2 小匙

准备：

1 将塘鳢鱼去除腮和内脏，洗净，一剖为二，去骨，去皮，片成鱼片，漂洗净血污。加盐 2 小匙，味精 1 小匙，蛋清 40 克，淀粉 1 小匙，腌拌均匀。

2 莼菜淘洗干净。

3 红椒切丝备用。

4 淀粉加少量冷水调成水淀粉备用。

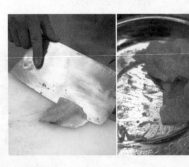

制作：

1 锅中加水大火烧开，放入莼菜，10 秒后捞出，沥去水分。

2 莼菜中放味精 1 小匙，鸡精 1/2 小匙，盐 1 小匙，水淀粉，拌匀。

3 另起锅加水大火烧开，放入鱼片，迅速烫熟，数秒后起锅，直接倒在莼菜上。

4 装盘摆上红椒丝即可。

主料：

莼菜 20 克
水发香菇 10 克
火腿 20 克
鸡胸肉 20 克
笋 10 克
清鸡汤 3 杯

调料：

盐 1 小匙
味精 1/2 小匙

苏州市平江府酒店大厨 陆烨制作

鸡火莼菜汤

准备：

1 将莼菜除去杂质，冲洗干净。再横切成约 1 毫米厚的薄片。

2 将水发香菇、火腿、鸡胸肉、笋分别切成约 5 厘米长的细丝。

制作：

1 将火腿丝、鸡丝蒸熟，备用。

2 清鸡汤煮开，加盐 1 小匙、味精 1/2 小匙调味。

3 将笋丝、香菇丝放入沸水煮 2 分钟，捞出放入鸡汤中。

4 将蒸熟的大部分火腿丝、鸡丝放入鸡汤中。

5 将莼菜在沸水中迅速过一下，即连水带莼菜倒入大漏勺中，滤去沸水，留下莼菜倒入鸡汤中。

6 放入剩余的火腿丝、鸡丝，即可。

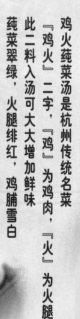

鸡火莼菜汤是杭州传统名菜『鸡火』二字，『鸡』为鸡肉，『火』为火腿此二料入汤可大大增加鲜味莼菜翠绿，火腿绯红，鸡脯雪白色泽鲜艳，滑嫩清香，营养丰富

芙蓉鲜莼鲫鱼汤

苏州礼耕堂大厨 叶华制作

主料：

鲫鱼 250 克
莼菜 100 克
蛋清 20 克

调料：

猪油 1 大匙
葱丝少许
姜丝少许
黄酒 2 大匙
牛奶 1 大匙

盐 2 小匙
味精 1 小匙
鸡精 1 小匙
白胡椒粉少许

准备：

1 鲫鱼去除腮和内脏，清洗干净。
2 莼菜漂洗干净。

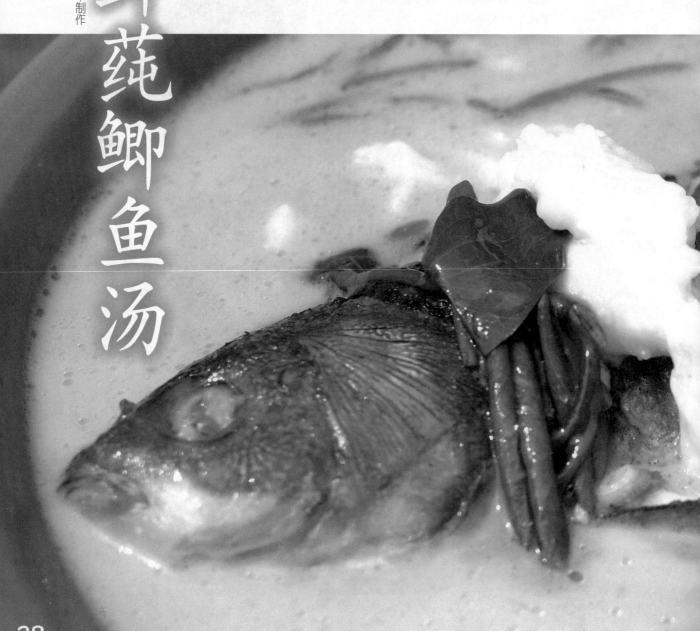

制作：

1 锅中放猪油 1 大匙，中火烧热，将鲫鱼两面煎透，加开水，葱丝少许，姜丝少许，黄酒 2 大匙，大火煮成雪白奶汤。

2 另起锅加水大火烧开，放入莼菜，10 秒后捞出，沥去水分备用。

3 蛋清中加牛奶 1 大匙，打散，过一下热油，盛出备用。

4 鲫鱼汤中加盐 2 小匙，味精 1 小匙，鸡精 1 小匙，放入蛋白、莼菜，撒白胡椒粉少许，即可。

莼菜鲫鱼汤是一道江浙名菜
传统的滋补佳品鲫鱼汤中
又加入营养美味的莼菜
怎能让人不爱

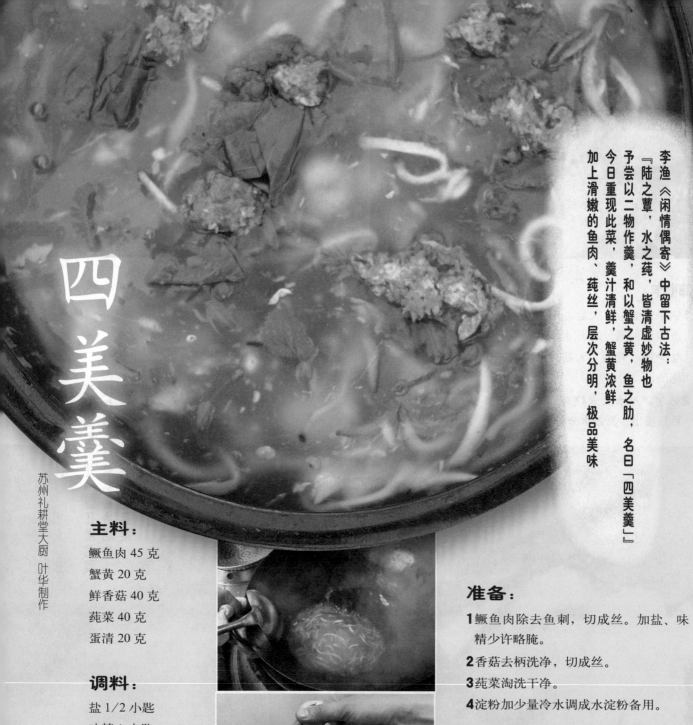

四美羹

苏州礼耕堂大厨 叶华制作

李渔《闲情偶寄》中留下古法：
「陆之莼，水之莼，皆清虚妙物也
予尝以二物作羹，和以蟹之黄，鱼之肋，名曰「四美羹」
今日重现此菜，羹汁清鲜，蟹黄浓鲜
加上滑嫩的鱼肉、莼丝，层次分明，极品美味

主料：

鳜鱼肉 45 克
蟹黄 20 克
鲜香菇 40 克
莼菜 40 克
蛋清 20 克

调料：

盐 1/2 小匙
味精 1 小匙
麻油数滴

准备：

1 鳜鱼肉除去鱼刺，切成丝。加盐、味精少许略腌。

2 香菇去柄洗净，切成丝。

3 莼菜淘洗干净。

4 淀粉加少量冷水调成水淀粉备用。

制作：

1 将鳜鱼肉丝上锅蒸熟。

2 蟹黄加葱末、姜末、醋各少许，入油锅迅速炒熟，盛出备用。

3 大火煮开水，放入香菇丝，余烫 30 秒，捞出沥净水分。

4 莼菜过开水余烫 10 秒，迅速捞出沥净水分。

5 另起锅放适量水，加盐 1/2 小匙，味精 1 小匙，水淀粉勾芡。汤开后加入鱼肉丝，香菇丝，淋入打散的蛋清，淋上麻油数滴，倒入汤盆。

6 把莼菜放入汤盆，摆上蟹黄，即可。

玉带羹

苏州礼耕堂大厨 叶华制作

主料：

荸荠 100 克

莼菜 50 克

调料：

盐 1 小匙

鸡精 1/2 小匙

蛋清 20 克

麻油数滴

淀粉 1 小匙

准备：

1 荸荠去皮，洗净，切丁。

2 莼菜淘洗干净。

3 淀粉加少量冷水调成水淀粉备用。

制作：

1 荸荠丁放入开水中余烫 10 秒，捞出沥干。

2 莼菜过开水余烫 10 秒，迅速捞出沥净水分。

3 另起锅放适量水，大火烧开，加盐 1 小匙，鸡精 1/2 小匙，水淀粉勾芡。将蛋清打散，徐徐倒入并搅散。

4 放入荸荠丁，加麻油数滴，放入莼菜，迅速出锅。

传统玉带羹以笋配莼菜此处换为荸荠，取其洁白脆嫩类似荸荠为白玉，莼菜似翠带

采访手记

（上接第 2 页）

有一些叶片被翻卷起，则露出暗红色的叶背，点点红色夹杂在一片绿叶中。

莼菜的食用部分是水中卷曲未展开的嫩叶和嫩梢茎，其上包裹着的一层透明黏液胶质，是最具风味的部分。捞起一株观察，可以看到叶片下面，连着的是数十厘米长，纤细柔软的水中茎，卷叶和嫩茎上的确可以摸到十分黏滑的胶质，晶莹剔透。农民说，如果水质、环境控制得好，胶质长得就多，不仅嫩芽叶，水中茎上也有黏液，这样的莼菜质量特别好。

此时已经陆续进入开花期，所以水面上还能看到一朵朵小红花，3 枚花瓣和 3 枚花萼围成 6 瓣弯曲的小花，托着中间的一丛紫红色的花蕊，大小也只有不到 2 厘米。

水面上漂浮着一个个木桶，农户戴着草帽，扎起衣袖，蹲在木桶前端，顺着莼菜种植的行向，用手划动前行采莼菜。在农户的面前摆着一个小盆，装刚刚采下的莼菜，身后则放着一个大桶。农户将嫩梢叶摘下之后，马上投入小盆，小盆装满后则倒入大桶，大桶上面盖着一张荷叶，避免长时间烈日的照射影响品质。农户慢悠悠地在莼叶间滑动的状态，正如一首诗

在莼塘边购买刚刚采收的莼菜

中所描绘："风静绿生烟，烟中荡小船。香丝萦手滑，清供得秋鲜。"

桶中装满了莼菜叶以后，便要送上岸挑回去加工了。满满一桶绿色略红的卷叶，上面晶莹剔透的黏液闪闪发亮，让人垂涎。莼菜采收之后，还要根据其卷叶大小、叶柄长度，黏液厚薄分为几个等级，叶片越嫩小，黏液越多的莼菜，等级越高。经过除杂、分类、漂洗，便可以直接上市鲜卖。我们当场向农户称了一斤新鲜的莼菜带回去尝鲜，这可是外地或者非当季难以享用的珍品啊。

随着气温日益升高，水位不断加深，莼菜的生长也越来越旺盛，逐渐长满了整个水塘，小小的叶片几乎把水面盖得严严实实，开始进

入开花结果期。盛夏以后，因为气温过高，莼菜一度停止生长，莼菜的采收也暂告一段落。

汉声编辑记录莼菜菜肴制作

●入秋莼菜复采摘

立秋以后，气温逐渐回落，天气渐渐凉爽，莼菜又恢复了旺盛生长，进入了第二个采收期。9月初的东太湖，莼菜塘的农户又开始忙碌了。我们到访的一天正好下着小雨，但还是碰到两位正在水中采收莼菜的农妇，农妇披着雨披，胸前垫着垫子，乐呵呵地趴在大木桶前端，为了防止木桶重心不稳而倾覆，在她们身后的木桶后端还压着几块石板，石板上再放装莼菜的小木桶。据说莼菜桶一定得采用木桶或塑料桶，用金属桶则会使莼菜变色。

大木桶的前端往前伸出一根小块，上面挂着一个竹篮子，半浸在塘水中，农妇边划边采，采下的莼菜便暂时泡在胸前的竹篮里。我们请农妇拔起一株莼菜搁在隔板上看，这时的莼菜，比5月底明显细长了许多，丛生的水中茎纤细柔软，顶端长着一片片摊开的小圆叶，或是尚未展开的卷叶。

●无味之味莼菜羹

莼菜实际上并没有多少滋味，叶圣陶说："莼菜真是没什么味，要是硬努了鼻子去闻，像是有那么点清鲜之气，你就是不闻它，你在水塘边站站，满鼻子也就是那么个味儿。"但莼菜之美，主要还是胜在其独特的口感。一碗莼菜羹中，漂着翠绿的小小卷叶，在观感上已经先胜一筹，搭配鲜汤送入口中，叶片裹着滑溜鲜嫩的黏液，入口清香有妙趣，这无味之味，也正是莼菜的特色所在。

所以莼菜的吃法基本以羹汤为主，银鱼莼菜羹、芙蓉莼菜羹、三丝莼菜汤、鲈鱼莼羹，都是江南名菜。而品质较低的大叶，凉拌、炒食也可，虽然有失本味，当作一种时蔬尝鲜也是不错的选择。 ∎

三吴胜事
千里莼羹

文：陈诗宇

莼菜的"莼"，古时更多写作"蒪"，关于这个名字，有种说法认为，因为莼菜的叶片呈椭圆形，而古时"蒪""团（團）"同声旁谐音，团有圆意，所以是以叶形得名。无独有偶，莼菜的拉丁学名的种小名 peltata、purpurea 分别也是盾叶和紫红的意思，英文名"water shield"直译就是"水中盾牌"，也是因为莼菜的叶片呈小小的卵圆形，正面绿色，背面暗红，有点像古代勇士手中的盾牌而得名。

但明代李时珍认为"莼"才是正确的写法，《本草纲目·草部·莼》："蒪字本作莼，从纯。纯乃丝名，其茎似之故也。"并引《齐民要术》云："其性逐水而滑，故谓之莼菜。"《说文》："纯，丝也。"李时珍的看法是，因为莼菜在水中的茎纤细柔滑，像丝（即纯）一样，所以被称为"莼菜"，也不失为一种说得通的解释。正因为其如丝般的形态和柔滑质感，后世诗人也常用"丝""发"来形容莼菜，如"青丝满碧笼""春莼如乱发""莼菜乱如丝"。宋杨蟠和杨万里还有"龙脱香髯带旧涎""割得龙公滑碧髯"的诗句，把莼菜的细茎和其上附着的胶质形容成龙髯和龙涎，有趣而形象。

莼菜吃的是柔嫩的茎叶，一年有春、秋两次采收期，所以相应也有"春莼"和"秋莼"之分。在不同的生长阶段，也有不同的别名：四月初生，叶片还未长出，只有嫩茎芽时，被称为"雉尾莼"，等到叶片舒展，称"丝莼"，秋天较老时称"葵莼"，进而又音转讹生出"龟莼""瑰莼"等名字；质量较差老者因常拿来喂猪而被称为"猪莼"。"雉尾莼""丝莼"的说法最早在北魏《齐民要术》中已经提出，《资治通鉴纲目集览》《本草纲目》《广群芳谱》中陆续补充了"葵莼""猪莼"几个称呼："莼……三四月嫩茎未叶，细如钗股，黄赤色，名雉莼，又名雉尾莼，体软味甜。五月叶稍舒，长者名丝莼。九月，萌在泥中，渐粗硬，名瑰莼，或作葵莼。十月、十一月名猪莼，又名龟莼，味苦体涩不堪食。"

莼茆之辨

一般论及莼菜，往往都会将其追溯到先秦时代的"茆"。《诗经·鲁颂·泮水》有"思乐泮水，薄采其茆"之句，当时"采茆"是为了制成腌菜，以庆贺歌颂鲁侯的文治武功，或祭祀典礼所用。《周礼·天官冢宰·醢人》列举了"七菹"，即七种腌菜，"茆菹"为其中之一。关于"茆"指的是什么，两千余年来，却产生了两种不同的意见。

《毛传》、《说文》、《广雅》、郑玄注《周礼》均称"茆，凫葵也"。三国时代，茆开始被解释为莼菜，三国魏的郑小同释"茆"云："江南人名之莼菜，生陂泽中。"稍迟吴国的陆玑也在《毛诗草木鸟兽虫鱼疏》中说："茆与荇菜相似，叶大如手，赤圆有肥者，着手中滑不得停，茎大如匕柄，叶可以生食，又可鬻，滑美。江南人谓之莼菜，或谓之水葵，诸陂泽中皆有。"描述了其叶圆、胶质柔滑、可食的特点，与莼菜也一致。此说提出较早，影响也很大，从古至今从之者甚多，如唐代孔颖达《毛诗正义》："茆……江南人谓之莼菜。"今人往往也都把莼菜的食用历史上溯到周礼时代。

不过在水泽中还有一种叫作"荇菜"的水草，形态特征与莼菜类似，也可食，但叶有缺刻。唐苏敬《唐本草》："凫葵……生水中，即荇菜也，一名接余。"北宋苏颂《图经本草》称："凫葵，即荇菜也。旧不著所出州土，云生水中，今处处池泽皆有之。叶似莼，茎涩，根甚长，花黄色。水

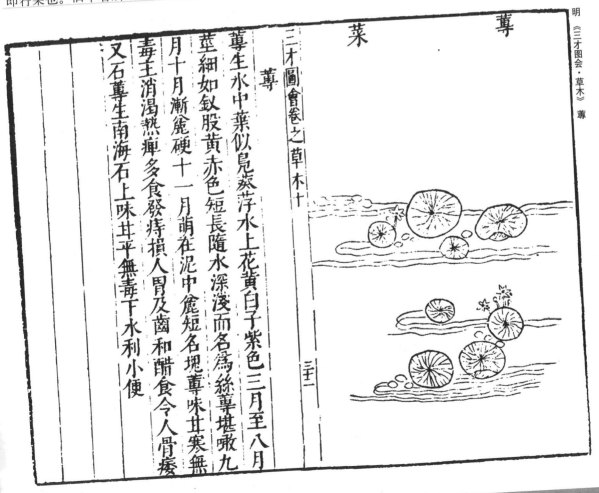

明《三才图会·草木》蓴

蓴菜

三才圖會卷之草木十

蓴生水中葉似凫葵浮水上花黄白子紫色三月至八月
茎細如釵股黄赤色短長隨水深淺而名爲絲蓴堪噉九
月十月漸麁硬十一月萌在泥中麁短名塊蓴味甘寒無
毒主消渴熱痹多食發痔損人胃及齒和醋食令人骨痿
又石蓴生南海石上味甘平無毒下水利小便

三二

中极繁盛。"均认为凫葵，即茆，指的是荇菜。

后世《本草纲目》《三才图会》等等也都分列"莼菜"和"凫葵"，"蓴生水中，叶似凫葵"，并将易混的两者区分清楚。实际上在江南湖泽中，两者也常常杂生，明邹斯盛《太湖采蓴并引》："辛酉秋汛太湖，见紫蓴杂出萍荇间""荇叶分圆缺"，描写了当时太湖莼荇杂生，荇叶有缺刻的特点。

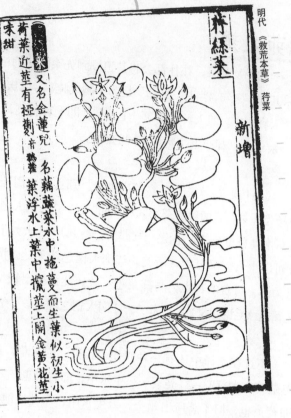

明代《救荒本草》荇菜

莼菜喜温，分布范围很小，主要在江南。李时珍说，莼菜"生南方湖泽中，惟吴越人善食之"，明代袁宏道在《湘湖》甚至说莼菜"惜乎此物，东不逾绍，西不过钱塘江，不能远去，以故世无知者"，至今太湖流域和杭州西湖一带，仍然是莼菜的主产地；而荇菜较耐寒，南北分布广。《诗经·鲁颂》作于黄河流域的鲁地，似乎出现"荇菜"较为合理。刘义满、魏玉翔先生曾从气候、文献、植物学的角度考察，认为先秦所提的"茆"实际应指"荇菜"，颇有见地。

莼鲈之思与千里莼羹

莼菜的主产地在江南，历史上所发生的不少关于莼菜的典故也都与江南有关。其中最著名的就是一千七百年前西晋张翰"莼鲈之思"的故事，莼菜的魅力也因此而闻名天下。张翰，字季鹰，吴江人，张翰在洛阳，"因见秋风起，乃思吴中菰菜、莼羹、鲈鱼脍，曰：'人生贵得适志，何能羁宦数千里以要名爵乎？'遂命驾而归"。（《晋书·张翰传》）因为思乡，怀念家乡的莼菜鲈鱼美食，被封为大司马东曹掾的张翰竟然辞官回乡，这段故事也被世人传为佳话。

西晋政局混乱，时值"八王之乱"初起，齐王对张翰有笼络之意，张翰当年毅然归乡，也许有其政治原因，而把思念"菰、莼、鲈"作为借口，"俄而齐王败，人皆谓之见机"，后来张翰的确也因回乡而逃过一劫。但从此以后，"莼鲈"也就成了辞官归乡、思乡的代名词。宋朝辛弃疾词曰："休说鲈鱼堪脍，尽西风，季鹰归未？""莼客"亦成为客居在外，怀乡思归之人的代称，宋董嗣杲《舟归富池纪怀》诗："到岸茶商期又失，怀家莼客眼添昏。"明清的文人墨客，尤其是江南人，也喜欢以"莼"为号，如绍兴人李慈铭，号莼客；金山人董俞，号莼乡钓客；华亭人董含，别号莼乡赘客；等等。

对于江南人来说，莼菜有多鲜美，从另一个故事则可见一斑。与张翰同时代的陆机，太康末年到洛阳后，"诣侍中王济，济指羊酪谓机曰：'卿吴中何以敌此？'答云：'千里莼羹，未下盐豉。'时人称为名对"。陆机以家乡的莼菜羹相提，甚至觉得，不下佐料也能匹敌洛中羊酪之美味。

张翰与陆机都是吴中人，这两个细微的经典故事，为江南的莼菜赢得了极大的声誉，千百年来被历代文人们歌咏不绝，留下不少经典篇章。唐代杜甫"君思千里莼"，李商隐"越桂留烹张翰鲙，蜀姜供煮陆机莼"；苏东坡有"未肯将盐下莼菜"，"若问三吴胜事，不惟千里莼羹"；卢赞元有"莼羹鲜滑煮龙涎"；辛弃疾《六幺令》"酒群花队，攀得短辕折。谁怜故山归梦，千里莼羹滑"；黄山谷"时望青旗沽白酒，醉煮白鱼羹紫莼"。莼菜就这样被赋予了更深层的含意，成为中国文学史上的经典意象，与其清鲜滋味一道萦绕于世人心间。

清《太平欢乐图》西湖莼菜

桜菜山縣志謂蓴生湘湖味勝他產其實湘湖無蓴皆從西湖採去浸湘湖中宿乃愈肥早非產自湘湖也閒耕餘錄曰蓴菜生松江華亭武林西湖六有之其味之美香粹柔滑欵如魚髓蟹脂而軽芳遠勝其品無得當者

性易生，宜洁净

莼菜在江南湖泽中有大面积野生，但是因为江南人的喜爱，经过长期的栽培，江苏的太湖，浙江杭州的西湖、萧山的湘湖，上海青浦的淀山湖，湖北利川都形成了莼菜的著名产地。

莼菜至少在南北朝就已经被人工栽植，并且当时已经积累了很丰富的栽培经验，北魏贾思勰在《齐民要术·种莼法》中，就很详细地记录了莼菜的种植方式："近陂湖者，可于湖中种之；近流水者，可决水为池种之。以深浅为候，水深则茎肥而叶少，水浅则叶多而茎瘦。莼性易生，一种永得。宜净洁，不耐污，粪秽入池即死矣。种一斗余许，足以供用也。"归纳出莼菜易繁殖，并且一经栽种可多年收获的特点，并且对水质要求极高，一旦水质受污极易死亡。民国初年成书的《洞庭东山物产考》也介绍了莼菜种植对于水深的要求，过深叶片生长不旺盛，过浅则瘦小。

在江南，"采莼"也是很美的一景，明邹斯盛有诗《太湖采蓴并引》："风静绿生烟，烟中荡小船。香丝萦手滑，清供得秋鲜。"至于采收的标准，则以嫩卷小叶为好，清代《湖州府志》说："莼宜专取嫩叶卷而未舒，形如小梭者作羹始佳。"

莼之美味，水菜第一

古人对莼菜的美味历来推崇有加，不论是平民百姓还是达官贵人，各个阶层对莼菜都喜爱有加。《齐民要术》说"荇羹之菜，莼为第一"，把莼菜视为可以食用的水草中最味美者。《酉阳杂俎》："莼根，羹之绝美，江东谓之莼龟。"

袁宏道在《湘湖》中对莼菜有极高的评价："其味香粹滑柔，略如鱼髓、蟹脂，而清轻远胜……其品可以宠莲媲藕，无得当者。惟花中之兰，果中之杨梅，可异类作配耳。"乾隆时方薰进献一套反映杭嘉湖风土人情的《太平欢乐图》，其中一幅"西湖莼菜"，上有题词，便引用了袁中郎对莼菜的盛赞之词。明代《蠓斋诗话》中有一首李流芳的《煮莼歌》，也把莼菜之美味写得惟妙惟肖："琉璃碗盛碧玉光，五味杂错生馨香。出盘四座已叹息，举箸不敢争先尝。浅斟细嚼意未足，指点杯盘恋余馥。但知脆滑利齿牙，不觉清虚累口腹。血肉腥臊草木苦，此味超然离品目。"

莼菜最出名的做法是鱼莼羹，早在南北朝《食经》中就有介绍其做法："莼羹：鱼长二寸，唯莼不切。鳢鱼，冷水入莼；白鱼，冷水入莼，沸入鱼与咸豉。"此外还有莼脍，有诗云"白盐莼菜脍，红酒稻花鸡"。明代高濂在《遵生八笺》中记莼菜："四月采之，滚水一焯，落水漂用，以姜、醋食之亦可，作肉羹也可。"宋代林洪在《山家清供》中还记录了一道"玉带羹"的做法，妙在以笋为玉，以莼为带："春访赵莼湖璧，茅行泽雍亦在焉，论诗把酒及夜，无可供者，湖曰：'吾有镜湖之莼。'泽曰：'雍有稽山之笋。'仆笑：'可有一杯羹矣。'乃命仆作玉带羹，以笋似玉，莼似带也。是夜甚适。今犹喜其清高而爱客也。"

清代李渔在他的《闲情偶寄·饮馔部》中特别有一篇《莼》，把莼菜和蕈、蟹、鱼共制为羹："陆之蕈，水之莼，皆清虚妙物也。予尝以二物作羹，和以蟹之黄，鱼之肋，名曰：'四美羹'。座客食而甘之曰：'今而后，无下箸处矣！'"吃过以莼、蕈为主料的四美羹，以至于就没有其他想吃的了。清代徐珂在《清稗类钞》中记有"莼羹鲈脍"的做法，也认为其"厥味之佳，不可言喻"。除了莼羹、莼脍，《红楼梦》提到的"莼斋"则属于腌菜："王夫人笑道：'……那些面筋、豆腐，老太太又不甚爱吃，只拣了一样椒油莼斋酱来。'"

在清代，莼菜也受到了帝王的喜爱。据《太湖备考》记载，康熙下江南巡视到洞庭东山时，有乡民邹弘志进献祖传精绘《采莼图》和自己所作的《贡莼诗》二十首，以及莼菜四缸。因献莼有功，邹弘志赐岳阳县知事，人称"莼官"。喜爱莼菜的康熙曾作《莼赋》，序曰："莼生杭之西湖与萧山之湘湖，一名水葵，蒂叶之间精华可鉴，而味又鲜美，如士君子之道，胜而映，意象闲远。朕南巡浙江，爱尝其羹，舟行多暇，援毫赋之。维此细物，生于清流，出泥不淄。"乾隆六下江南，每到杭州，必以莼羹为食，并留下了"花满苏堤柳满烟，采莼时值艳阳天"之词。曾国藩也说莼菜"此江东第一美品，不可不一尝风味"。足见莼菜之美，非属一般。

梁实秋 文学家，北京人，祖籍浙江余杭

千里莼羹，未下盐豉

选自梁实秋著：《雅舍谈吃》

《世说新语》言语二十六："有千里莼羹，但未下盐豉耳。"赵璘《因话录》："千里莼羹，未闻盐与豉相调和，非也。盖末字误书为未。末下乃地名，千里亦地名。此二处产此二物耳。其地今属平江。"今人杨勇《世说新语校笺》页六八："宋本作'但未下盐豉耳'。未下，当作'末下'，'但'字后人臆增。千里、末下皆地名。"盖亦袭赵璘语，更指但字为臆增耳。赵璘是唐朝人，想见唐写本即有此误，宋本因之耳。

末下即秣陵，可能不误。秣陵是古地名，其地点代有变革，约当今之南京。余曾卜居南京，不闻有特产盐豉。以余所知，杭州豆豉确是甚佳。因思莼羹与盐豉可能有涉，但余从先君及舅氏在杭州楼外楼数度品尝莼羹，均是清汤，极为淡雅，似又绝无调和盐豉之可能。古今烹调方法不同耶？抑各地有异耶？疑怀莫释。

宋人黄彻："千里莼羹，未下盐豉，盖言未受和耳。子美'豉化莼丝熟'，又'豉添莼菜紫'。圣俞送人秀州云'剩持盐豉煮紫莼'。鲁直'盐豉欲催莼菜紫'。"似此唐宋之人亦有习于以盐豉调和莼羹者矣。吾欲起赵璘于地下而质之。 ■

旧时，笔者常游西湖，每餐尝到莼菜，认为莼菜的功用，好像南方特产的西洋菜。它是一种清凉性的蔬菜，有清肺解热的作用。但西洋菜粗糙而无香味，又不嫩滑，所以不及莼菜受人欢迎。《耕余录》有一段提到莼菜："清轻远胜，惟花中之兰，果中之荔枝，差堪作配。"又陆机曰："有千里莼菜，但未下盐豉耳！"莼菜之美，古人最是称道不已的。

其实莼菜，仅是清隽而香逸，鲜嫩而爽滑，本身并没有什么鲜味。可是它的胶状黏液，富含蛋白质和铁质等，所以滋味极淡，煮食时要另加火腿、虾脑等配料，鲜味便卓绝不同了。

陈存仁 中医师，上海人

借味莼菜

节选自陈存仁：《莼菜》（《津津有味谭·素食卷》）

■

作家，江苏苏州人 **陆嘉明**

莼羹："无味之味"的境界

节选自陆嘉明《淡淡水八仙 悠悠意外味》

苏州水八仙的压轴戏是莼菜。

其实，莼菜不唯苏州有，中国南方凡有湖塘处也是有的，据说亚洲各地甚至澳洲、非洲也能见其踪迹，不知是不是同一品种。不过，最有名的还是享有天堂美誉的苏杭两地。杭州楼外楼的西湖莼菜汤固然名闻遐迩，而苏州的莼菜佳肴更是脍炙人口，极尽风流，诸如莼菜榨菜羹、绣球莼菜汤、莼菜豆腐汤、莼菜鸡片汤、鸡火莼

作家、翻译家、学者，浙江杭州人　**施蛰存**

节选自施蛰存：《莼》（《云间语小录》）

诗料莼菜

吴下之莼，多产于太湖，浙中以萧山之湘湖为甲。吾松则出于三泖，旧志谓莼产金泽，金泽固在泖滨也。湘湖莼最早，杭州诸酒家三月中便供三丝莼羹，诩为西湖名物，实则大率湘湖产也。吾松之莼，秉气略迟，虽曰春莼，初夏始见上市。春莼以细嫩见珍，倘从市上买一斤归，精加拣汰，可用者不过二两耳。秋莼即无虫，亦叶大有脉络，不中食。然陈眉公《偃曝余谈》云："春莼如乱发，不足异。秋莼长丈余，凝脂甚滑，季鹰秋风，正馋此也。"此语殊足骇人。丈余之莼，岂复堪为席上珍馐，眉公殆未为知味。张季鹰秋风兴叹，殆偶然缘鲈脍而及之，渠岂不知秋莼已逊耶？莼于诸蔬中最为清品，香柔滑腻，无与伦比，《要术》许为苦羹第一品，可知此物自来矜贵。

袁中郎以为"如鱼髓蟹脂而清轻远胜，惟花中之兰，果中之杨梅，可以作配"。夫兰之于莼，差可匹敌，若杨梅则江文通虽有"实跨荔枝，芳轶木兰"之颂，持拟莼丝，不中作与，儳矣。中郎鄂州人，来吴中，始食杨梅而诧之，谓为俊品，不知三吴士女，直以杨梅为俗物也。莼既以清香柔嫩为贵，自不宜下盐豉，盐或可着，豉则大忌。《要术》亦云："唯莼笔而不得着葱薤及米糁菹醋等，莼犹不宜咸。"故士衡特以未下盐豉者敌羊酪，盖香腻相当，而轻清厚浊判若霄壤矣。自张陆二贤品藻之后，吴莼遂为诗料。顾专咏此物者，初未多见，乐府补题始有紫云山房齐天乐赋莼之课，此蔬乃阑入词苑。清初词人，继轨有作，托喻甚高，其义益尊。余独恨诸词皆用张季鹰

语赋吴江秋莼，又辄为之下盐豉，皆于此物未尝研格。惟李彭老一阕，上片赋吴江春莼，下片赋湘湖秋莼，是为别调。朱竹垞、沈融谷均嘉兴人，而二词独绳湘湖之美，此殆在杭州所赋耳。华亭董苍水小词云"江南好，白苧景偏奇。短榻夜山听鹤唳，袯衣秋渚采莼丝，幽绝令人思"。此真赋泖湖莼矣。惜金风玉露中，莼不能丝，玉兒词人于故乡风物，盖知之犹未审谛，敢以春易秋，何如？■

作家、艺术批评家，江苏苏州人　**车前子**

节选自车前子：《明月前身》（《好花好天》）

喝莼菜汤

屏息安神，调羹沉底，不动声色，小心翼翼。往莼菜至上处把调羹轻浮，轻浮，轻浮，快欲问世出道时，更须养天地浩然之气在口腹。听得见宇宙浩荡，听得见流言四伏……这就行了，纲举目张，大胆一提，旁若无人，所向披靡，满满的莼菜呀就被收拾到调羹里。调羹捕莼，焉知鸟嘴在后，浅浅急急捞捞舀舀，往往擦肩而过。■

菜汤、珊瑚莼菜蟹汤、莼菜氽塘片等等，皆赏心悦目，味夺三珍。

莼菜从来就是一味上得了桌面的水中之珍，向为人啧啧赞赏。这可口好吃的莼菜，早在《诗经》中就有诗赞道："思乐泮水，薄采其茆。鲁侯戾止，在泮饮

酒。既饮旨酒，永锡难老。顺彼长道，屈此群丑。"

诗中所说之"泮水"，即为鲁国境内的一条河。这"茆"，三国魏人郑小同释道："江南名之莼菜，生陂泽中。"从这首诗中可知鲁侯亲临泮水，当时人兴高采烈地为国君采撷莼菜并置酒设宴的情景。饮酒

40

陶方宣 作家、编剧，安徽芜湖人

张季鹰的莼菜
节选自陶方宣：《张季鹰的莼菜》（《文人的美食》）

车前子说："在澄澈的月光下，我想起莼菜了，张季鹰的莼菜。"莼菜，草字头底下一个纯字，纯净的纯，也是纯粹的纯，如此纯粹纯净之物应该在月光下食用——月光像雾，莼菜也像雾。

莼菜在中国历史上了不得，在中国文人眼里更是不得了，一个叫张季鹰的男人放弃高官，就为了回家吃莼菜，把二十四史上的大小官僚惊呆了——张季鹰这个名字好，有魏晋风骨，为了莼菜，他把多少人钻山打洞想得到的官帽子红顶子抓起来朝地上狠狠一扔，说不定还踹上几脚，拍拍屁股就回家吃鲈鱼与莼菜——拿现在的话说，张老头真是帅呆了酷毙了，与陶渊明陶老头有得一拼。很多人不可能做到张季鹰那样的洒脱，但是莼菜还是想尝一尝，它到底是何样的滋味，让一个人心甘情愿把官都丢了？万贯家产妻妾成群全丢了，就为了这一碗莼菜汤，这人脑子进水了？或者像电脑一样感染了蠕虫病毒？

我认定张季鹰拿莼菜说事只是找一个借口，可能他嫌理由不足，还搭上一条松江鲈鱼——他其实早就厌倦了为官钻营之道，或者他根本就是个无能之辈，早有归隐之心，于是就人为地制造了一个莼鲈之思，拿现在的话说，就是炒作。莼菜在我老家土名杏子叶，池塘里多的是，是用来喂猪的，请原谅我这样暴殄天物——家里猪饿得嗷嗷叫，农民拿两根竹竿到池塘边，夹住杏子叶细细长长的藤，朝一个方向绞动，很快就绞了满满一竹竿，背回家来喂猪。但是杏子叶也并不完全等同于张季鹰所说的莼菜，莼菜其实是杏子叶没出水的嫩芽，它上面包裹着一层黏稠的液体，黏液像一团雾包裹着叶芽，准确说，张季鹰在洛阳的梦想之物，便是这个叶芽。北方武将不懂莼菜为何物，被张季鹰唬得一愣一愣的，其实也没啥——我亲手摘来做过汤，用汤匙舀了半天也舀不起来，最后只得捧起汤碗往嘴里倒。可是即便吃到嘴里又能怎样？就是一股清味，叶芽还微微发苦，农民对它有一个更贴切的绰号：草鼻涕。

江南风雅之士就喜欢搞一些稀奇古怪的名头，油炸豆腐叫作金镶白玉板，小菠菜叫红嘴绿鹦哥，连最烂贱的黄豆芽也叫什么金头玉如意，把草鼻涕炒作成莼菜，张季鹰堪比大嘴巴宋祖德。不过这个叫季鹰的男人倒是真的由此开始大红大紫，古往今来的文人雅士，谁没有抬头看过这只季节的鹰呀？他从隋唐飞来，朝宋元飞去，嘴巴里死死衔着一棵莼菜……

食莼，既可保其体健长寿；又有力气远行而征服敌人。莼菜之贵，可见一斑。又，在《周礼》中，还有把盐渍莼菜当作祭品的记载，可谓莼菜之品，超乎寻常。

及至唐代，江南莼菜更为知名，水面浮叶，放舟可采。钱起诗云："橘花低客舍，莼菜绕归舟"，又皮日休诗"雨来莼菜流船滑"，可见莼菜分布之广。在以后行世的《毛诗草木鸟兽虫鱼疏》《齐民要术》等典籍中，对莼菜的记述就更为详尽了。

莼菜原为野生菜蔬，虽然据说古人在一千五百余年前就对其进行人工栽培了，但在苏州西郊的灵岩山

画家、美食家，江苏苏州人　叶放（辑）

莼菜钩沉

●莼菜，早时称作"茆"，人称"江东第一妙品"，出太湖西山消夏湾。古人称赞它的风味"千里莼羹，未下盐豉"。

●《吴郡志》称"尤宜莼鱼羹"。

●《晋书·张翰传》记：苏州人张翰在洛阳做官，"因见秋风起，乃思吴中菰菜、莼羹、鲈鱼脍，曰'人生贵得适志，何能羁宦数千里以要名爵乎？'遂命驾而归。"

●元代人贾铭在《饮食须知》中称：莼菜味甘，性寒滑。生湖泽中，叶如荇而差圆，形似马蹄。多食及熟食，令拥气不下，损胃伤齿，落毛发，令人颜色恶，发痔疮。七月间有蜡虫著上，误食令霍乱。和醋食，令人骨痿。时病后勿食。

●清汪灏《广群芳谱》：莼，一名茆，一名锦带，一名水葵，一名露葵，一名马蹄草，一名缺盆草。生南方湖泽中，最易生种，以水浅深为候。水深则茎肥而叶少，水浅则茎瘦而叶多。其性逐水而滑。惟吴越人喜食之，叶如荇菜而差圆，形似马蹄，茎紫色，大如筋，柔滑可羹。夏月开黄花，结实青紫色，大如棠梨，中有细子。三四月嫩茎未叶，细如钗股，黄赤色，名雉莼，又名雉尾莼，体软味甜。五月叶稍舒，长者名丝莼。九月，萌在泥中，渐粗硬，名瑰莼，或作葵莼。十月、十一月名猪莼，又名龟莼，味苦体涩不堪食。

●清代徐珂在《清稗类钞》中对莼菜有多处记载：

1. 左文襄嗜莼羹：左文襄在浙时，最嗜莼羹。其后至新疆，胡雪岩尝以莼馈之。时尚无罐诘也，万里间关，邮致不易。然胡所馈，至疆后，沦以为羹，仍如新摘。盖莼多滑涎，卷之于纺绸也。

2. 朱竹垞食莼：朱竹垞食莼羹而甘之，尝为《摸鱼子》以咏其事，词云："记湘湖，旧曾游处，鸭头新涨初酸。越娃短艇乌篷小，镜里千丝萦发。柔橹拨，绊荇带，荷钱一样青难割。波余影末，爱乍掐春纤，盛盆宛似，戢戢小鱼活。西泠水，濯取凝脂齐脱，白银钗股同滑。蜀姜楚豉调应好，不数韭芽如蕨。烟渚阔，任吹老西风，若个扁舟发。乡心未遏。想别后三潭，龟髯雉纰，冷浸几秋月。"

3. 彭羡门不知莼味：王文简公少与彭羡门少宰孙遹友善，后同官卿贰。一日，同集朝房，文简问羡门以乡中莼菜风味何似，羡门答云："不知。"文简笑曰："应缘无莼鲈之思，是以不知其味。"羡门与同人皆大笑。 ■

和华山的山池中，生有一种野生莼菜最为著称。据方志载：这两处山池"旱而不涸，中有莼甚美，吴中以为佳品"。然产量极少，物以稀为贵。直到明代，苏州东山出了两个人，一叫邹舜五，一叫蔡以宁，两人功不可没，永志怀想。他们把山池之莼移植太湖，经人工栽培，"太湖水菜"也即太湖莼菜，便成寻常人家的桌上佳馔。时至今日，苏州产莼堪称全国之最，湖泊、水荡及河池之中，皆广植莼菜，尤其是苏州东郊的娄葑乡和吴江的八坼乡，以及吴中的东山、西山镇，产量尤丰，品质上乘，堪称"莼菜之乡"。

莼菜分红梗、黄梗，而以红梗为优。每岁春夏之交，正是采莼时节，春时采摘的芽尖嫩叶，为春莼菜，誉为"水中碧螺春"。直到立秋过后，还有嫩芽长出来，所采便为秋莼菜。陆游诗曰："莼羹岂至方羊酪""笠泽莼鲈秋向晚"，想来秋莼味道尤美，有邹斯盛《太湖采莼》一诗云："春暖冰芽茁，秋深味更清。有花开水底，是叶贴湖平。野客分云种，山厨带露烹。橘黄霜白后，对酒奈何情。"

说是莼菜味好，李时珍也说"其性逐水而滑"，"体软味甜"，其实莼菜恰是无味之蔬。叶圣陶说莼菜本身没有味道，味道全在于好的汤。但是嫩绿的颜色与丰富的诗意，无味之味真是令人心醉。这"无味之味"，说得真有见地。我今细细品味这莼菜之美，虽则自觉胸次清洒，佳思联翩，却又一时难以说清道明。《吕氏春秋·本味》引伊尹论说："鼎中之变，精妙之微纤，口弗能言，志弗能喻。"哦，原来绝妙佳味都是"口弗能言"的。莼菜的"无味之味"，体现了饮食文化的一种至美境界啊。

凡食中妙品，所贵在一个"真"字。中国饮食的味觉审美，向以"朴真"为其根本。莼菜的"朴真"，只是一种淡淡的清味，其味又在若有若无若即若离之间，叫人琢磨不透。汤显祖评诗曰："以若有若无为美。"好诗如是，莼菜也如是。就为这样，吃莼菜，既有"即时欣赏"之兴味，又有"追思回味"的意趣。昔梁实秋数度品尝莼菜，不时赞其有清逸淡雅之致。汪曾祺不仅文字好，且精于四方食事。他认为，有的东西，乍一吃，也许吃不出味道甚至吃不惯，但"吃吃，就吃出味儿来了"。所以，他对莼菜也是赞不绝口的。《菜根谭》云："肥辛甘非真味，真味只是淡"。莼菜羹的这淡淡清味，似淡而实美。用东汉王充的话说：大羹必有淡味。

莼菜的"淡味"甚至"无味"，并非真的寡淡乏味，而是体现出与"厚味"相对的一种特殊的味觉美感。中国传统的饮食美学，向来主张"以恬淡为味"，正如老子所说的"味无味"，"恬淡为上，胜而不美"。

李渔说："陆之蕈，水之莼，皆清虚之物也。"这清虚的感觉，确有"味飘飘而轻举"的娓娓不倦之趣。西晋陆机尝以"味"论"文"，说："或清虚以婉约，或除烦而去滥，阙太羹之遗味，同朱弦之清泛。虽一唱而三叹，因既雅而不艳"。我今则以"文"而体"味"，这莼菜，也是"雅而不艳"的啊。你看，碧绿的嫩叶两边对称而卷曲，叶脉从不愿全盘舒展开来，芳容微露却更显婉约隽秀，触之柔润凝脂而又轻缓淡静，含蓄蕴藉如江南女子，少的是风云气，端的是女儿味，乍见不会惊艳，细睹则又舍不得这清露素辉，目中别有一境界意思。

莼菜的茎梢嫩叶有胶状物质，清洁透明，柔腻滑爽，捞之于水中，却如女孩般活泼调皮，稍不留神便忽地从指缝间溜了出去，叫你好生怜爱。莼菜，虽也可炒，但还是做羹最为适宜。李时珍早就说过：柔滑可羹。菜入高汤烹调，且喜欢轧荤淘，佐以猪肉、鸡脯、虾仁、火腿等重色重味，翠色中有莼雪白、淡黄、粉红、橙红飘飘浮浮，惚兮恍兮，如梦中的颜色。再一品尝，又觉得这莼味，却在有无之间，隐隐约约，别有一番滋味。正如有人所说：真

正的滋味、色彩、声音，不是清清楚楚的，真正清澈不是透明和一目了然的。是的，我每每品尝莼菜羹，单色中见绚丽，淡味中得淳厚，深得荤素相调、浓淡互补、繁简映发的阴阳谐和之哲趣。于"无味"或"淡味"中而能品尝"五味"，这"无味"便成"至味"了。恰如画理中以"空白"赋形写意，乐声中以繁弦托清响，确有"闻之者动心""味之者无极"的袅袅余韵。

中国的饮食文化，讲究口感。这口感，是一种综合的感觉，除色香味的调和统一而外，还注重口舌快感的自我感受。这莼菜入口，不仅感到纯净鲜嫩，而且清新爽口，尤其是滋润柔滑。我初尝莼菜时，一入口便滑进喉咙，囫囵而不知其味。说也怪，就因这感觉，我爱上了莼菜。杜甫有诗云"强饭莼添滑"，白居易诗也说"莼丝滑且柔"，皮日休、刘禹锡、张志和等诗人，也曾作诗，对莼菜交口赞誉，对这种滑柔的口感，古人今人，皆有同嗜也。你若到苏州太湖畔吃船菜，可点一只莼菜银鱼羹，二者皆为湖中清物，乳莼新翠，条鱼银白，色是绿、白相间，味是荤素相谐，一上口，那才真个叫又柔滑又鲜嫩又好吃。会作诗的人吃了，肯定会吟出更好听的诗来。

就这样，又留下两则古今雅话，渲染出苏州莼菜的味外之意。一为西晋的张翰，受聘于齐王司马冏门下，在洛阳做官。但他性格狂放，不拘小节，志不在官位而在随意适志的平淡生活。《晋书·张翰传》载：翰因见秋风起，乃思吴中菰菜、莼羹、鲈鱼脍，曰："人生贵得适志，何能羁宦数千里以要名爵乎？"遂命驾而归。这是苏州人的聪明处，是他看穿了朝野纷争，羁宦必罹祸乱，思吴中乡味，借口而已。果然在他归隐不久，司马冏就由于"八王之乱"事败被杀，而张翰却潇潇洒洒地逃过人生一大劫。从此后，"莼鲈之思"遂成妇孺皆知的乡思典故。继之有今人叶圣陶的"莼藕之思"，他客居外乡，曾作名篇《藕与莼菜》，除怀念家乡藕的"清淡的甘美的滋味"和"鲜嫩的感觉"外，又联想到莼菜的令人心醉的"味外之味"，引起怀乡的"深浓的情绪"，直"觉得故乡可爱极了"。

是啊，人称水天堂的苏州，就连这些水中菜蔬，也有这等俗中见雅的风致，怎不令人向往和赞美呢。 ∎

43

编后记

《中国水生植物——苏州水八仙》终于进入编后，我们也得以松一口气，在把本书呈现给读者之前，需要感谢为这套书提供过帮助的朋友们。

2010年4月10日，汉声编辑到苏州文化名家叶放先生家做客，叶先生既是画家，又是美食家，在谈起苏州风物时，提及苏州的八种水生蔬菜"水八仙"，引起我们的关注和兴趣，当即确定下这个题目。随后通过叶放的联系，发动了苏州摄影家汪浩和记者李婷，当晚在十全街的五卅饭店以沙洲优黄举杯，同我们一起组成在苏州最早的采访团队。汪浩先生在接下来，多次亲自到苏州的水八仙种植区持续追踪采访，为我们提供了许多高质量的照片。

从2010年6月开始至2012年8月，汉声编辑从北京和台北来到苏州二十余次，田野采访工作持续了两年多，前前后后得到许多苏州朋友的支持。苏州作家王稼句老师提供了许多水八仙的文史信息，使我们得以接触到水八仙背后深厚的文化。苏州前文化局局长高福民先生也为我们的采访帮忙牵线。还要特别感谢苏州设计家周晨先生为我们采访提供的便利和帮助。

风物志在文史背景下，还要关注植物本体科学性的知识，才能更好地详尽记录。苏州市蔬菜研究所原副所长鲍忠洲、苏州农林局推广站专家陈金林为我们提供了极其详尽的关于水八仙植物学和栽培学上的知识，以及苏州水八仙的种植概况。